爱上内蒙古恐龙丛书

我心爱的巴彦淖尔龙

WO XIN'AI DE BAYANNAOERLONG

内蒙古自然博物馆 / 编著

内蒙古人民出版社

图书在版编目(CIP)数据

我心爱的巴彦淖尔龙 / 内蒙古自然博物馆编著. —
呼和浩特：内蒙古人民出版社，2024.1
（爱上内蒙古恐龙丛书）
ISBN 978-7-204-17726-4

Ⅰ．①我… Ⅱ．①内… Ⅲ．①恐龙-青少年读物
Ⅳ．①Q915.864-49

中国国家版本馆 CIP 数据核字(2023)第 193404 号

我心爱的巴彦淖尔龙

作　　者	内蒙古自然博物馆
策划编辑	贾睿茹　王　静
责任编辑	孙红梅
责任监印	王丽燕
封面设计	王宇乐
出版发行	内蒙古人民出版社
地　　址	呼和浩特市新城区中山东路 8 号波士名人国际 B 座 5 层
网　　址	http://www.impph.cn
印　　刷	内蒙古爱信达教育印务有限责任公司
开　　本	889mm×1194mm　1/16
印　　张	6
字　　数	160 千
版　　次	2024 年 1 月第 1 版
印　　次	2024 年 1 月第 1 次印刷
书　　号	ISBN 978-7-204-17726-4
定　　价	48.00 元

如发现印装质量问题，请与我社联系。联系电话：(0471)3946120

内蒙古恐龙新闻站

NEIMENGGU KONGLONG XINWENZHAN

🔥 恐龙快讯

完美巴彦淖尔龙究竟有多完美？

看图文科普，快速解锁恐龙新知识

一起点读书，边听边看，趣味十足

你有一条来自恐龙的 留言 点击即可查看

📟 恐龙寻呼机

🎤 恐龙访谈

倾听恐龙的**心声**

听说恐龙们都很有故事。

没办法，活得久见得多。

请展开讲讲……

🧩 恐龙拼图

恐龙的种类上千种

你最喜爱哪一种？

玩拼图游戏
拼出完整的恐龙模样

内蒙古人民出版社 **特约报道**

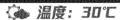

内蒙古自治区巴彦淖尔市

🌧 温度：30℃

前　言

数亿年来，地球上出现过许多形形色色的动物，恐龙是其中最令人着迷的类群之一。恐龙最早出现在三叠纪时期，在之后的侏罗纪和白垩纪时期成为地球上的霸主。那时，恐龙几乎占据了每一块大陆，并演化出许多不同的种类。目前世界上已经发现的恐龙有1000多种，而尚未被发现的恐龙种类或许远超这个数字。

你知道吗？根据中国古动物馆统计，截至2022年4月，中国已经根据骨骼化石命名了338种恐龙，而且这个数字还在继续增长。目前，古生物学家在我国的26个省区市发现了恐龙化石，其中，内蒙古仅次于辽宁，是发现恐龙化石种类第二多的省区。

内蒙古现有40多种恐龙被命名，种类丰富，有很多具有重要的科研价值，如巴彦淖尔龙、独龙、乌尔禾龙和绘龙等。

你知道哪只恐龙创造过吉尼斯世界纪录吗？你知道哪只恐龙被称为"沙漠王者"吗？你知道哪只恐龙练就了"一指禅"功法吗？这些问题，在"爱上内蒙古恐龙丛书"中，都能找到答案。

"爱上内蒙古恐龙丛书"选取了12种有代表性的在内蒙古地区发现的恐龙，即巴彦淖尔龙、中国鸟形龙、临河盗龙、临河爪龙、乌尔禾龙、鄂托克龙、阿拉善龙、鹦鹉嘴龙、巨盗龙、绘龙、独龙和耀龙，详细介绍了这些恐龙的外形特征、发现过程以及家族成员等。每一种恐龙都有一张属于自己的"名片"，还有精美清晰的"证件照"，让呈现在读者面前的恐龙更加鲜活生动。

希望通过本丛书的出版，让大家看到内蒙古恐龙，乃至中国恐龙研究的辉煌成就，同时激发读者对自然科学的兴趣。

在丛书的编写过程中，我们借鉴了业内专家的研究成果，在此一并致谢！

第一章　恐龙驾到

恐龙是史前时期最为神奇的存在。它们像是有某种魔力，吸引着一代又一代的科学家们去探索。

到目前为止，全世界已经发现了 1000 多种形态各异的恐龙，而且每年还会有意想不到的收获，呈现在世人面前的恐龙数量也在逐年增加。

我心爱的
巴彦淖尔龙

　　人类发现的第一只恐龙是存续时间长达 2000 多万年的禽龙。禽龙家族是白垩纪时期最繁盛的家族之一，它的"龙子龙孙"几乎遍布世界各地。2012 年，在内蒙古巴彦淖尔市发现了一只保存比较完整的禽龙，沉睡多年的它告诉"恐龙猎人"诺古，它有一个未完成的心愿……

温度：30℃

恐 龙 宠物店

　　这是一个一站式恐龙宠物商店，店内有许多类型的恐龙萌宠供您选择，还有宠物用品、食品等供您选购。

　　无论您是经验丰富的养宠达人还是养宠新手，我们都会为您提供贴心、周到的服务。

　　开业期间，我们还有特别优惠的活动等您参加，千万不要错过！

即将开业，惠不可挡！！！

Bayannurosaurus perfectus　　　*Lynx lynx*

完美巴彦淖尔龙　　　**诺古**

 哈喽，大家好，我是完美巴彦淖尔龙，是大名鼎鼎的禽龙家族中的一员。

完美巴彦淖尔龙先生，您好，有幸邀请您参加《恐龙访谈》节目，让我们进一步了解您的生命故事，非常感谢。

 不必客气，这一切都要感谢最初让我们重见天日的那个人。

我知道，我知道，是内蒙古……？

访谈

 恐龙气象局温馨提示：

高温、暴雨双预警

未来 3 天有暴雨

—— 主持人：诺古　本期嘉宾：完美巴彦淖尔龙

 不好意思，打断一下。我指的是第一个发现禽龙的人。

 原来如此，那您快和我们说说吧。

 其实，我们的发现历程还有一个温馨的小故事。

哇！我最爱听故事了。小板凳已备好，您可以开始讲啦！

1822 年 3 月，在英国的一个小山村，生活着一位名叫玛丽·安的妇人和她的丈夫迪恩·曼特尔。一天，曼特尔外出行医，玛丽·安担心丈夫受凉，便去给他送大衣。她在去的路上发现了一些奇特的石头，想到丈夫喜欢收藏石头，便将它们捡了回来。

我猜这些奇特的石头定是禽龙身体的一部分，不过，是哪个部位呢？

 哈哈，那你来猜一下，是牙齿、尾巴，还是指头呢？

 我猜肯定是指头。

 哦，这么肯定？你的依据是什么呢？

我知道刚发现禽龙的时候，曼特尔医生把它的手指当成角了。

曼特尔绘制的禽龙骨架复原图

你知道的还真不少，请继续。

当初，曼特尔医生按照鬣蜥的形象复原禽龙，不过他将禽龙独特的大拇指当成角安在了它的鼻子上，所以当时人们认为禽龙就是一只长角的"大蜥蜴"。此后的 100 多年间，古生物学家复原的禽龙形象不断变化，从最初的"大蜥蜴"变成现在我所看到的您的样子了。

你说得没错，在曼特尔医生笔下，我们是恐龙家族中的"独角兽"。

更有意思的是，在 1851 年的英国伦敦第一届世界博览会上，被复原的恐龙长得几乎都和大蜥蜴一样。

如果当时被复原的那些恐龙在天有灵的话，一定会笑得前俯后仰。

哈哈哈，我想是的，太有意思了！

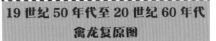

19 世纪 50 年代至 20 世纪 60 年代
禽龙复原图

好了，言归正传吧。玛丽·安发现的化石并不是禽龙的手指。

 怎么了？怎么了？您快说……

 他居然把这颗牙齿当作犀牛的牙齿。

 啊？太荒唐了吧。

 是啊。不过还好，曼特尔医生坚信事实并非如此。后来，他又遇到了另一位古生物学家。

 这位古生物学家不会说这是河马的牙齿吧？

 万幸没有。他向曼特尔医生提出，这颗牙齿长得和一种来自南美洲的鬣蜥的牙齿比较像。经研究后发现，的确如此，所以就给这颗牙齿的主人起了一个名字，叫作"禽龙"。

1
2

1. 曼特尔最早研究的禽龙牙齿
2. 现生鬣蜥牙齿

 到底是哪个部位呢？您快为我们揭晓答案吧。

 其实，玛丽·安发现的是一颗牙齿的化石。曼特尔医生认为这颗牙齿的主人是一个体形庞大的植食性动物。于是，他找到当时著名的古生物学家居维叶先生，请他来做鉴定，谁知……

"化石猎人"成长笔记

居维叶

全名乔治·居维叶，法国著名古生物学家。4岁开始就博览群书，还有着非凡的记忆力，被认为是神童。他创立了古生物学、解剖学以及"灭绝"这一概念。

鬣蜥

一种既可以在水中生活又可以在陆地上生活的爬行动物。它们是素食主义者，喜欢吃花瓣、叶子等。它们会因环境的变化而改变体色。

恐龙访谈

诚聘

恐龙宠物店店员

世界那么大，您不来，怎么知道世界上还有这么独特的宠物商店呢？希望热爱动物、机灵活泼、与我们志趣相投的您快快加入！有相关经验更佳，没有也不怕，快来成为我们中的一员吧！

我怎么越听越糊涂了呢？鬣蜥的牙齿和禽龙的牙齿比较像，所以起名叫禽龙？

禽龙的拉丁文学名的含义就是"鬣蜥的牙齿"。

原来是这样啊。判断一颗牙齿的主人是谁并不是一件轻而易举的事情。

这还没有结束。

又有什么意外发生了呢？

你还记得曼特尔医生是在哪一年开始研究那颗牙齿的吗？

1822 年啊，那个时候我还没有出生。

是啊，1822 年，可"禽龙"这个名字是在 1825 年确立的。

也就差几年的时间，没关系的。

虽然只有短短几年的时间，但是世界已经发生了翻天覆地的变化。就在 1824 年，一位地质学家发表了一篇有关恐龙的文章，并且命名了"斑龙"，所以我成了世界上被命名的第二种恐龙。大家只记得第一，谁还会在乎第二呢？

斑龙

　　又叫巨齿龙，意为"巨大的蜥蜴"，是被科学家描述和命名的第一种恐龙。它们的体形庞大，有着大大的脑袋和强壮的身体。它们的前肢长着锋利的爪，加上有许多小锯齿的尖牙，一看就是为食肉而生。

「化石猎人」成长笔记

我不认同您这个观点。在我们人类的认知中，不论哪一种恐龙，都曾是地球霸主。暴龙在许多小朋友心中占有很重要的位置，谁又在意它是第几个被命名的恐龙呢？

你说的似乎有些道理……

您想想，暴龙只在地球上存活了350万年，而您的家族有2000多万年的历史，多么悠久。

你说的这些道理我明白，可是……

可是什么呢？您不妨直言。

恐龙访谈

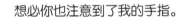

想必你也注意到了我的手指。

不好意思，您不说我还真没有注意到，您的大拇指……

这个大拇指如果在远古时代，可是我的骄傲。可在来这儿之前，我听闻有一种让人感到很温暖的行为叫作拥抱。在冰冷的地下埋藏了多年的我也想要一个温暖的拥抱。

嗯，这个恐怕有点……困难。

禽龙的前肢

我就知道，因为我是第二名。

您千万不要误会。说句实话，不论您是第几名，我都很想拥抱您，但是您的大拇指……

原来是这样啊。虽然你不能满足我这个心愿，但我的心里舒服多了，谢谢你。

原来您刚才说的未完成的心愿就是拥抱啊。

是的，不过也关系……

我想，若是将您的大拇指用一些柔软的东西包裹起来，我就可以拥抱您了。

真的吗？那可太棒了！

哇，您居然还会点赞！

这可是我们家族特有的能力。

太神奇了，我还想多了解一些您和您的家族的事情。

没问题，下面我来为你一一介绍。

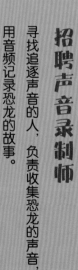

我真的很完美！

完美巴彦淖尔龙   全部

拉丁文学名： *Bayannurosaurus perfectus*

名称含义： 来自巴彦淖尔的完美蜥蜴

生活时期： 白垩纪时期（约 1.2 亿年前）

化石最早发现时间： 2012 年

完美巴彦淖尔龙是禽龙家族中体形较大的一员。我们从它的名字就可以知道，它的发现地是内蒙古巴彦淖尔市。刚开始，研究人员只发现了零星的几块骨骼化石，但随着挖掘的深入，他们最终发现了 300 多块化石，而且这些化石都属于同一只恐龙。

经过一段时间的修复和装架，一只约 9 米长、5 米高的成年禽龙呈现在世人面前。这是中国目前所发现的为数不多的禽龙类恐龙化石，它的骨骼形态为我们展现了禽龙家族向鸭嘴龙家族逐渐演化的过程。

2018 年 4 月，这只恐龙被正式命名为"完美巴彦淖尔龙"，因为它的化石完整度可达 95% 以上。除此之外，它的完美还在于完整的头骨结构和最末端的尾椎结构，这在世界上也是十分罕见的。

完美巴彦淖尔龙长着一张似马的脸和一双特殊的"手"。首先，它的手掌两侧分别长着一个奇怪的大拇指。有多奇怪呢？这个大拇指尖尖的、硬硬的，已经变得骨质化，可以用来保护自己和撬开果实。凭借着这个钉子般的大拇指，它们敢和肉食性恐龙相抗衡。

其次，完美巴彦淖尔龙中间的三根手指连在一起，为马蹄似的蹄状指，再配合上十分灵活的小指，可以有效地抓握食物。它们吃东西的时候，会将植物塞进嘴里，然后慢悠悠地咀嚼。虽然它们有保护自己的武器，但为了不成为肉食性恐龙的盘中餐，它们过着群居生活。但巴彦淖尔龙的族人——禽龙还会和棱齿龙一起吃饭、休息，因为棱齿龙是非常优秀的"哨兵"，它们不会放过任何一点风吹草动。

棱齿龙

棱齿龙的体形较小，奔跑速度很快，是恐龙家族中的"奔跑健将"。它们的眼睛很大，拥有超群的视力。前肢有五指，后肢有四趾，喜欢吃一些低矮的植物。

完美巴彦淖尔龙   全部

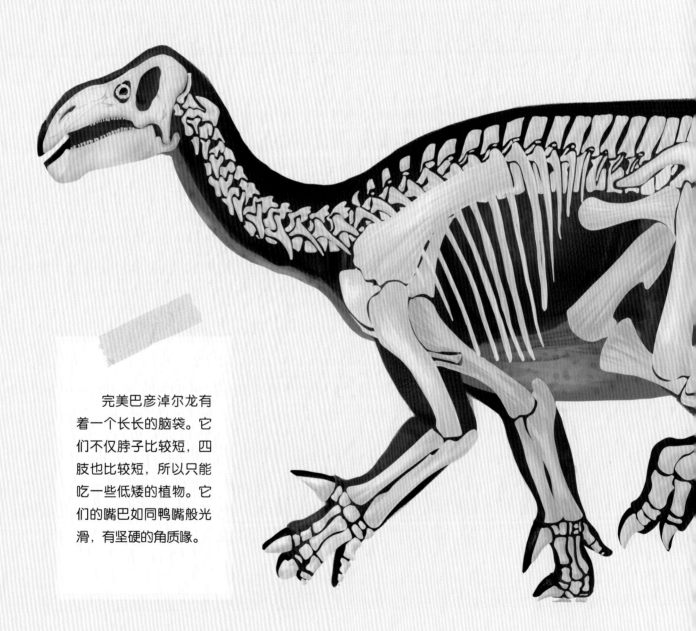

完美巴彦淖尔龙有着一个长长的脑袋。它们不仅脖子比较短，四肢也比较短，所以只能吃一些低矮的植物。它们的嘴巴如同鸭嘴般光滑，有坚硬的角质喙。

完美巴彦淖尔龙的牙齿

完美巴彦淖尔龙的嘴巴前端是坚硬的角质喙，没有牙齿，牙齿密密麻麻地排列在脸颊的两侧，当旧牙齿磨坏时，新牙齿就会长出来。

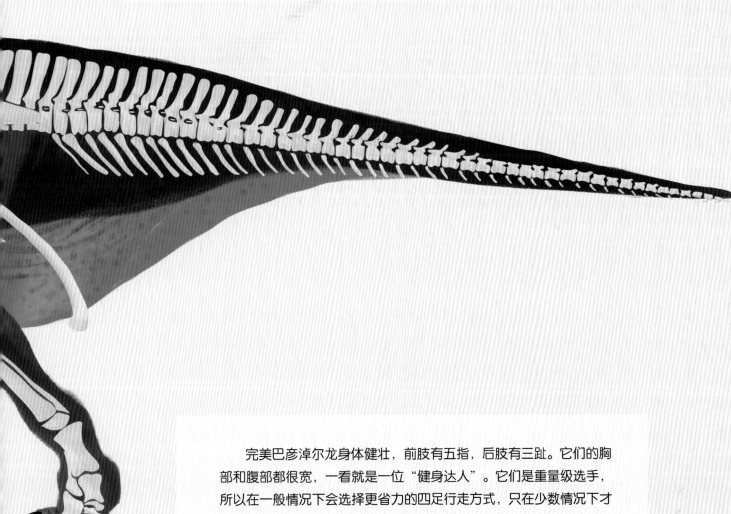

完美巴彦淖尔龙身体健壮，前肢有五指，后肢有三趾。它们的胸部和腹部都很宽，一看就是一位"健身达人"。它们是重量级选手，所以在一般情况下会选择更省力的四足行走方式，只在少数情况下才会两足行走。完美巴彦淖尔龙的尾巴结实，但并不灵活，可以用来保持平衡。

巴彦淖尔龙家族树

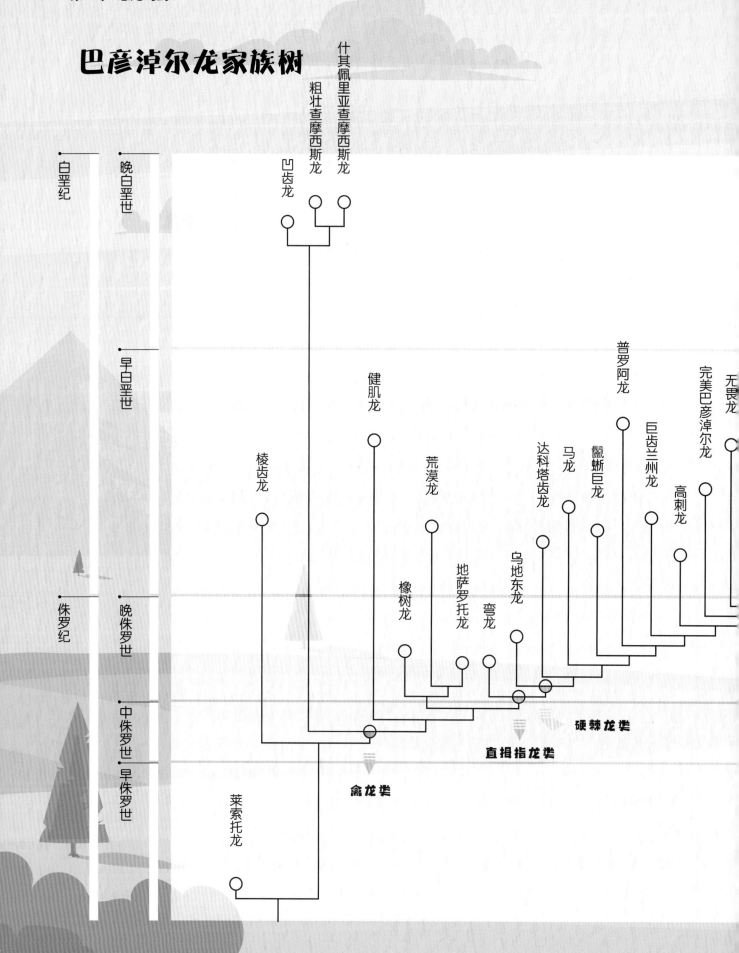

白垩纪

侏罗纪

晚白垩世

早白垩世

晚侏罗世

中侏罗世

早侏罗世

什其佩里亚查摩西斯龙

粗壮查摩西斯龙

凹齿龙

健肌龙

普罗阿龙

完美巴彦淖尔龙

无畏龙

棱齿龙

荒漠龙

巨齿兰州龙

鬣蜥巨龙

马龙

达科塔齿龙

高刺龙

橡树龙

地萨罗托龙

乌地东龙

弯龙

莱索托龙

硬棘龙类

直拇指龙类

禽龙类

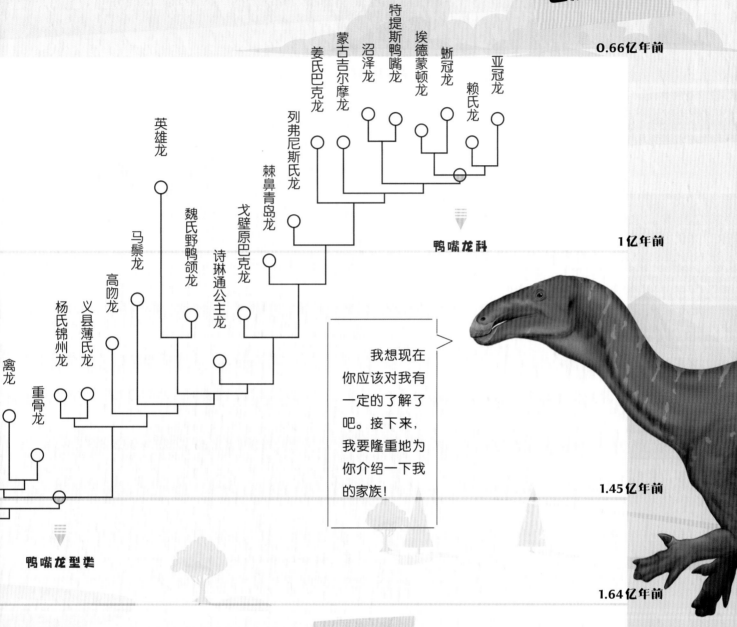

0.66亿年前

1亿年前

鸭嘴龙科

1.45亿年前

鸭嘴龙型类

1.64亿年前

1.74亿年前

2.01亿年前

特提斯鸭嘴龙
埃德蒙顿龙
蜥冠龙
亚冠龙
赖氏龙
蒙古吉尔摩龙
沼泽龙
姜氏巴克龙
列弗尼斯氏龙
棘鼻青岛龙
英雄龙
戈壁原巴克龙
马鬃龙
魏氏野鸭颌龙
诗琳通公主龙
高吻龙
义县薄氏龙
杨氏锦州龙
禽龙
重骨龙

我想现在你应该对我有一定的了解了吧。接下来，我要隆重地为你介绍一下我的家族！

直拇指龙类恐龙（完美巴彦淖尔龙的演化支），因其前肢上长着一个钉子般的大拇指而得名。它们的体形较大，多用四肢行走。它们生活在白垩纪时期的欧亚大陆和美洲大陆，随着时间的推移，渐渐演化成了鸭嘴龙类恐龙。

第二章 恐龙速递

　　大约在 2.3 亿年前的三叠纪时期，一种名叫恐龙的爬行动物出现了。它们是中生代时期的主要居民，几乎占据了当时的每一片大陆。

　　迄今为止，全世界发现的恐龙有1000 多种，古生物学家根据恐龙的骨骼特征等将恐龙分为诸多家族，如甲龙类、剑龙类、角龙类等。每一个家族又包含许多成员，它们似乎相同却又形态各异：有些尾巴上长着大尾槌，有些尾巴上长着尖刺；有些喜欢吃植物，有些喜欢吃鱼；有些头上长着"长管"，有些头上戴着"头盔"……

我心爱的
巴彦淖尔龙

终于回家了！

| 🔍 戈壁原巴克龙 | 全部 |

拉丁文学名： *Probactrosaurus gobiensis* −

属名含义： 原始的大夏蜥蜴 −

生活时期： 白垩纪时期（约 1.4 亿年前） −

化石最早发现时间： 1959 年 ＝

在二十世纪五六十年代的一次中苏联合考察中，戈壁原巴克龙化石首次被发现，古生物学家将发现的化石运送到了北京。

　　1962 年，苏联的古生物学家将它借到莫斯科的古生物研究所，并答应研究后归还。后来，由于一些原因，标本丢失，导致戈壁原巴克龙的下颌骨一直"漂泊"在外。

　　1996 年，日本恐龙漫画家冈田信幸先生无意间在化石市场发现了这件标本并买了下来。2011 年，他将这块化石无偿捐献给中国科学院古脊椎所。至此，这块"流亡"在外半个多世纪的戈壁原巴克龙下颌骨化石终于回归故里。

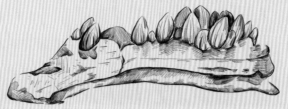

戈壁原巴克龙的下颌骨

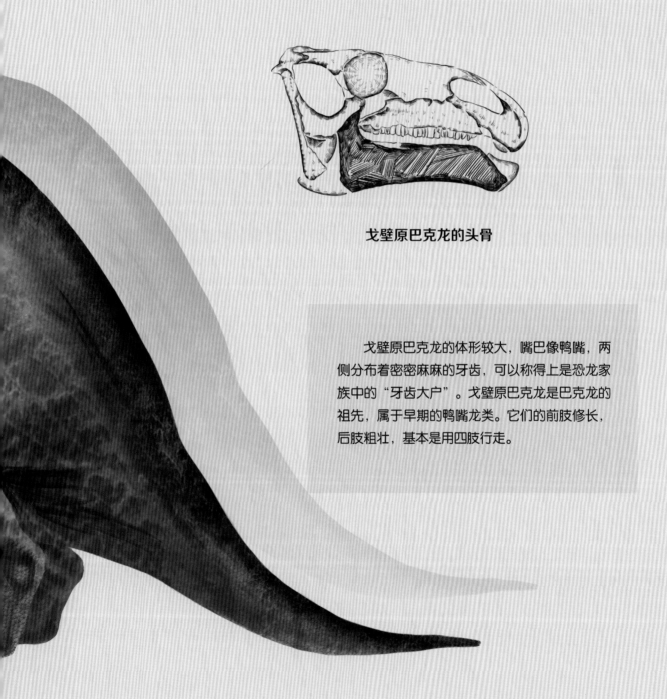

戈壁原巴克龙的头骨

戈壁原巴克龙的体形较大，嘴巴像鸭嘴，两侧分布着密密麻麻的牙齿，可以称得上是恐龙家族中的"牙齿大户"。戈壁原巴克龙是巴克龙的祖先，属于早期的鸭嘴龙类。它们的前肢修长，后肢粗壮，基本是用四肢行走。

别抱我，我怕扎！

🔍 │ 杨氏锦州龙 　　　　　　　全部

拉丁文学名： *Jinzhousaurus yangi*	**–**
属名含义： 在锦州发现的蜥蜴	**–**
生活时期： 白垩纪时期（约 1.2 亿年前）	**–**
化石最早发现时间： 2000 年	**–**

2000 年，古生物学家在辽宁省锦州市义县发现了一些恐龙骨骼化石。经过修复和研究，他们认为这是一种全新的恐龙，所以在 2001 年将其命名为"杨氏锦州龙"。其中"杨氏"是为了纪念"中国恐龙之父"杨钟健先生。

杨氏锦州龙的头骨较长，约 0.5 米。它们的嘴巴已经演化成了角质喙，上下颌前端没有牙齿，但是丝毫不影响它们的咀嚼能力。它们拥有强壮的后肢，可以灵活快速地活动。

杨氏锦州龙曾经被误认
为是禽龙家族中的一员，因
为它们的手上也有一颗"大
钉子"。不过，随着进一步
的研究，古生物学家发现其
头骨更接近鸭嘴龙超科恐龙
的头骨，所以又被归为后者。
杨氏锦州龙的发现为我们研
究禽龙类恐龙向鸭嘴龙类恐
龙的演化提供了重要的化石
证据。

杨氏锦州龙的头骨

瞧瞧我的大牙！

🔍 | **巨齿兰州龙**   **全部** ▼

拉丁文学名：*Lanzhousaurus magnidens*　　　 ▬

属名含义：长有巨大牙齿的蜥蜴　　　　　　　 ▬

生活时期：白垩纪时期（约 1.3 亿年前）　　　 ▬

化石最早发现时间：2002 年　　　　　　　　 ▬

　　提起兰州，你首先想到的是什么呢？是不是兰州拉面？配上几片牛肉、辣椒油和香菜，热气腾腾，回味无穷。不过，我们讲的可是恐龙呀，你是否听说过以"兰州"命名的恐龙呢？

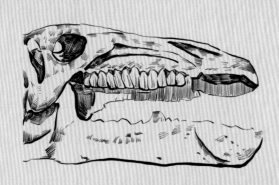
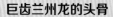

巨齿兰州龙的头骨　　　　巨齿兰州龙的牙齿（左）和其他鸭嘴龙类恐龙（右）的牙齿

　　有一种恐龙，它的牙齿特别大，最大的可达 14 厘米长、7.5 厘米宽，和一个成年人的手掌差不多大。为了放下这么大的牙齿，它的下颌可以长到 1 米长，占全身长度的 1/10 左右。这是目前世界上发现的植食性恐龙中牙齿最大的恐龙，结合这一特点，古生物学家季强等人将它命名为"巨齿兰州龙"。

起初，古生物学家仅发现了巨齿兰州龙的几节尾椎骨，随着挖掘的深入，又发现了它的一根肋骨，最后才发现了一具基本的骨架。它的身形比较笨重，所以一般情况下是四足行走，偶尔才会两足站立起来。

季强

季强，著名古生物学家，有"龙鸟之父"之称。他为鸟类的起源研究做出了重大贡献，并将中国的热河生物群等研究推向了世界前沿。

我居然是肿瘤携带者！~

🔍 蒙古吉尔摩龙	全部

拉丁文学名：*Gilmoreosaurus mongoliensis* ＝

属名含义：吉氏蜥蜴 ＝

生活时期：白垩纪时期（约 7000 万年前） ＝

化石最早发现时间：1923 年 ＝

蒙古吉尔摩龙又叫蒙古计氏龙或计尔摩龙，这是为了纪念美国古生物学家查尔斯·怀特尼·吉尔摩尔。他命名了许多恐龙，如奥氏独龙、古似鸟龙、格氏绘龙等。

蒙古吉尔摩龙最初被发现的时候，古生物学家将它归到了满洲龙家族。直到 1979 年，古生物学家认为蒙古吉尔摩龙是一个独立的物种，为其新建了吉尔摩龙属。蒙古吉尔摩龙是其家族中的模式种，也是中国目前发现的吉尔摩龙属的唯一种。

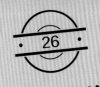

模式种

　　模式种像一个参照物，用来对比后期新发现的物种是否与这个参照物相似，如果相似则和模式种属于同一家族。

　　蒙古吉尔摩龙属于鸭嘴龙类，它们的嘴巴像鸭嘴，后肢强壮，主要依靠后两足行走。休息的时候，蒙古吉尔摩龙会用粗壮的尾巴支撑身体。2003 年，古生物学家在蒙古吉尔摩龙的化石中发现了许多肿瘤。被检查的化石有 1 万多块，但只在蒙古吉尔摩龙和其近亲的化石中发现了肿瘤，这说明肿瘤可能是遗传或者环境所致。恐龙和人类一样也有生老病死。

我真正的故乡是莱阳！

🔍 ｜ **棘鼻青岛龙**　　　　　　　　　　　　**全部**

拉丁文学名：*Tsintaosaurus spinorhinus*　　－

属名含义：在青岛发现的蜥蜴　　　　　－

生活时期：白垩纪时期（约 7200 万年前）　－

化石最早发现时间：1950 年　　　　　　－

　　1950 年的春天，山东大学的几位师生在野外实习的时候发现了一些鸭嘴龙化石，将其带回青岛。1958 年，古生物学家杨钟健将其命名为"棘鼻青岛龙"。其种名之所以叫"棘鼻"，是因为这只恐龙的鼻骨上长了一个骨质棘突。而属名并没有取其发现地"莱阳"，是因为山东大学的师生首次发现了青岛龙的化石，而且他们的许多研究工作是在青岛完成的，甚至连发掘后的展览也是在青岛举办的，所以杨钟健综合考虑后将其属名定名为"青岛龙"。

　　棘鼻青岛龙是中华人民共和国成立后发现的第一只恐龙，也是我国发现的第一只头上有"装饰物"的鸭嘴龙类恐龙。除此之外，棘鼻青岛龙还是"中国恐龙五宝"和"中国百年十大著名恐龙"之一。

我心爱的
巴彦淖尔龙

一宝　二宝　三宝　四宝　五宝

中国恐龙五宝

一宝：化石发现于四川地区的合川马门溪龙，它拥有世界上最长的脖子。
二宝：化石发现于云南省禄丰县的许氏禄丰龙，也被称为"中华第一龙"。
三宝：化石发现于新疆地区的江氏单嵴龙，它的头上顶着一个头冠。
四宝：化石发现于辽宁地区的顾氏小盗龙，它的身上长着羽毛。
五宝：化石发现于山东地区的棘鼻青岛龙，它有 1000 多颗牙齿。

棘鼻青岛龙曾被认为是恐龙家族中的"独角兽"，但是在 2020 年，古生物学家通过 CT 扫描等技术手段，发现棘鼻青岛龙的头上长着一个华丽的头冠，而且这个头冠是中空的。古生物学家推测头冠可能是用来识别物种或者辨别雌雄的，又或者是用来发声的，使它们在族群之间进行交流，同时还可以充当扩音器，或将声音变得低沉，使其传播得更远。

棘鼻青岛龙的身体健硕，嘴巴是典型的"鸭嘴"，嘴巴两侧布满牙齿，可以充分咀嚼食物，有效地吸收营养物质。它们是牙齿最多的恐龙之一。它们的脖子和尾巴都很粗壮，一般情况下四足行走，遇到危险的时候就会用两足奔跑，粗壮的尾巴不仅可以加强后肢的力量，还可以使身体保持平衡。

我属于薄氏龙家族！

义县薄氏龙 　　　　　　　　　　　　全部

拉丁文学名： *Bolong yixianensis* ー
属名含义： 薄氏蜥蜴 ＝
生活时期： 白垩纪时期（约 1.25 亿年前） ー
命名时间： 2010 年 ＝

2001 年，埋藏于地下千万年的义县薄氏龙化石在辽宁省义县首次亮相。义县薄氏龙是薄氏龙家族中的模式种，其属名取自义县薄氏龙化石的发现者和采集者薄海臣与薄学先生，他们先后任义县宜州化石馆馆长。

义县薄氏龙化石和杨氏锦州龙化石都是在义县发现的，但义县薄氏龙化石自发现后一直陈列在化石馆中，古生物学家没有对其进行过详细研究，所以它曾被误认为是锦州龙家族中的一员。随着进一步的研究，古生物学家认为义县薄氏龙属于一个独立的新属种。

古生物学家根据义县薄氏龙的骨骼特征推测其为一个体长约 4 米的成年个体，属于原始禽龙家族中体形较小的种类。它们或许以两足行走为主，虽然两足的姿态更适合快速行动，但相比家族中的其他成员，它们的奔跑能力略逊一筹。

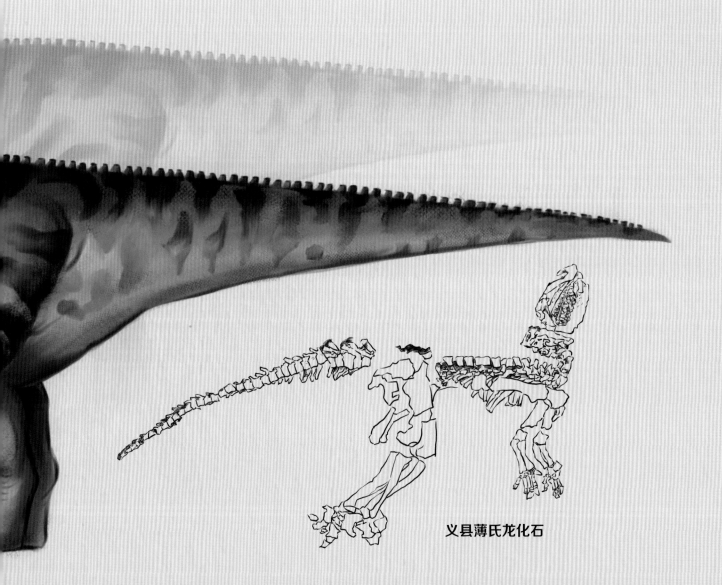

义县薄氏龙化石

义县薄氏龙化石的身体骨骼近乎完整，是目前为止中国发现的最完整的原始禽龙类化石，对研究原始禽龙家族的分类和演化具有重要意义。

我左边的下颌骨呢？

Q | 魏氏野鸭颌龙 | 全部

拉丁文学名： *Penelopognathus weishampeli* —

属名含义： 野鸭下巴 —

生活时期： 白垩纪时期（1.12 亿～ 1 亿年前） —

化石最早发现时间： 2005 年 —

魏氏野鸭颌龙由比利时皇家科学院的帕斯卡·迦得弗洛伊特等人命名，其种名"魏氏"取自美国古生物学家 David B. Weishampel。

魏氏野鸭颌龙是野鸭颌龙家族中的模式种及唯一种，其唯一一块化石即右下颌骨发现于内蒙古巴彦淖尔市乌拉特后旗。由于完整度不高，比较破碎，有关魏氏野鸭颌龙的研究以及相关资料都比较少。

魏氏野鸭颌龙的下颌骨与生活在同一时期的原巴克龙的下颌骨比较相似，它们都发现于戈壁地区，但是魏氏野鸭颌龙的下颌骨显得更为原始。

魏氏野鸭颌龙属于家族中体形较小的种类，古生物学家推测它们主要以低矮的苏铁和蕨类植物为食。它们嘴巴的前端有如同鸭嘴似的坚硬的角质喙，可以有效地切断粗糙的植物纤维。

魏氏野鸭颌龙的下颌骨及牙齿

我会经常换牙！

姜氏巴克龙

全部

拉丁文学名： *Bactrosaurus johnsoni*

属名含义： 棍棒蜥蜴

生活时期： 白垩纪时期（约 7000 万年前）

命名时间： 2005 年

1923 年，古生物学家在内蒙古二连浩特市发现了姜氏巴克龙的骨骼化石。1933 年，美国古生物学家吉尔摩尔为其命名。姜氏巴克龙的属名由古希腊语中的"*baktron*"和"*sauros*"构成，意为"棍棒蜥蜴"，因其背部长着棍棒似的神经棘而得名。

姜氏巴克龙的骨架

1995 年，中比联合考察发掘队在内蒙古二连浩特市盐池发现了几百块恐龙化石，其中大约有四具大小不同的姜氏巴克龙化石。据古生物学家研究，这些化石包含姜氏巴克龙的幼年个体、成年个体等不同年龄段的骨骼标本。其中体形较大的体长可达 7.5 米，体形较小的体长仅约 1.5 米。

姜氏巴克龙是一种原始的鸭嘴龙类恐龙，虽然
到目前为止我们还没有发现完整的骨骼，但它们是
研究最多的早期鸭嘴龙类恐龙之一。

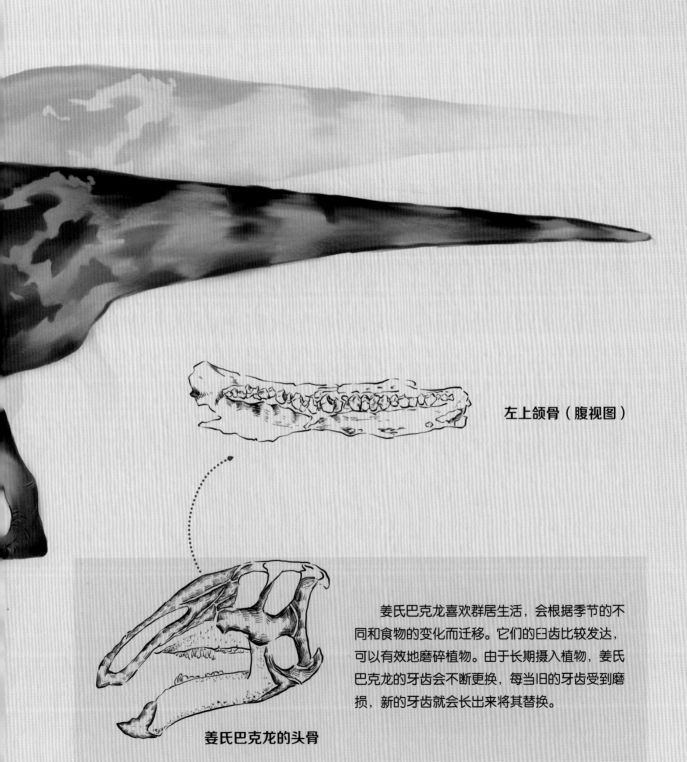

左上颌骨（腹视图）

姜氏巴克龙喜欢群居生活，会根据季节的不
同和食物的变化而迁移。它们的臼齿比较发达，
可以有效地磨碎植物。由于长期摄入植物，姜氏
巴克龙的牙齿会不断更换，每当旧的牙齿受到磨
损，新的牙齿就会长出来将其替换。

姜氏巴克龙的头骨

第三章 恐龙猎人

中生代又称为"爬行动物时代"，无论是在海洋、天空还是陆地，都有爬行动物的身影：海洋中生活着鱼龙类动物、蛇颈龙类动物等海生爬行动物，翼龙类等会飞的爬行动物在天空中翱翔，被称为"恐怖蜥蜴"的恐龙在陆地上称霸。

恐龙在地球上生活了 1.6 亿年之久，除陆地之外，它们还涉足天空和海洋。恐龙拥有惊人的适应能力，其身体结构、生活方式和生存技能随着环境的变化而演化，从而使它们成为中生代时期最繁盛和最具生存优势的脊椎动物。

**我心爱的
巴彦淖尔龙**

虽然人类目前已经发现和认识了许多恐龙，但还有很多与恐龙相关的内容等待我们进一步发掘。如果你爱好探索并对自然保持好奇，请随我们一起回到恐龙世界，修炼成为一名优秀的"恐龙猎人"吧！

"化石猎人"：寻找远古时代的见证者

最初的生命诞生于 46 亿年前，经历了漫长的岁月和无尽的变迁。这个时期中，生命经受了地球上星辰轮转和沧海桑田般的变革。

从寒武纪生命大爆发到五次生物大灭绝（奥陶纪末大灭绝、泥盆纪晚期大灭绝、二叠纪末大灭绝、三叠纪末大灭绝和白垩纪末大灭绝），无数生命被尘封在泥土里，失去了往日的活力。不过，这些远古的生命以另一种形式被保存下来，它们沉睡了几千万年，甚至上亿年，记录了生命的起源和演变。它们，就是远古时代的见证者——化石。

**我心爱的
巴彦淖尔龙**

从化石中，我们可以认识、了解亿万年前的生命——恐龙，重回万"龙"奔腾的时代。

那么，你准备好化身为一名"化石猎人"，寻找被化石封印的远古巨兽了吗？

如果你已做好准备，我们先认识一位"化石猎人"的先驱者——玛丽·安宁。

1799 年，玛丽·安宁在英国的一个小镇出生。她的父亲是一位木匠，经常鼓励她去寻找和收集"好奇心"。

玛丽·安宁 12 岁时，她和哥哥在一处陡峭的悬崖边上发现了一种古生物的头骨化石。一年后，她又发现了这种古生物的剩余骨骼化石，最后组成了一个长约 5 米、外形奇特的海洋生物——鱼龙。这是世界上发现的第一块鱼龙化石，也是最完整的一块，后来被命名为"泰曼鱼龙"。

泰曼鱼龙

此后的几十年中，她又发现了许多生物的化石。

1821 年，她发现了一块头很小、脖子很长、长着四个鳍的怪物化石——蛇颈龙化石。这是世界上发现的第一块蛇颈龙化石。

蛇颈龙化石

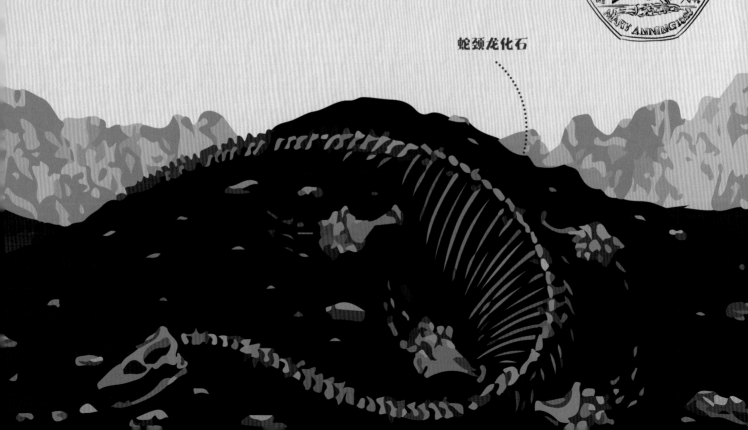

7 年后，她又发现了一块翼龙化石，也是世界上第一块完整的翼龙化石，后来被命名为"双型齿翼龙"。

双型齿翼龙

玛丽·安宁取得的这些成就难道仅仅凭借好运气吗？

当然不是！她一生坎坷，父亲在她 11 岁那年去世，她不仅需要养活自己，还需要挣钱还债。在那个男权至上的时代，很少有人会肯定她的成就。她凭借的是坚持不懈的努力和超乎常人的勇气，所以她被誉为世界上最伟大的"化石猎人"。

泰曼鱼龙可以称得上是侏罗纪时期的海洋霸主，蛇颈龙类动物和小型鱼龙类动物都会成为它们的美食。它们拥有一系列高配版的装备，如巨大的眼睛、锋利的牙齿、流线型的身体等。

蛇颈龙是一种生活在海洋中的动物，有着流线型的身体、尖利的牙齿和巨大的体形。蛇颈龙有两种类型：一种是脖子占身体一半左右的长蛇颈龙，另一种是被称为"游泳健将"的短蛇颈龙。

双型齿翼龙的体形很小，还拖着一条细长的尾巴，不过它们的头很大。之所以叫"双型齿翼龙"，是因为它们的牙齿有两种形状：一种又尖又长，像钉子似的；而另一种比较细小。

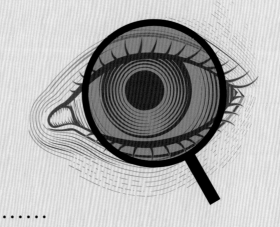

如此看来，想要成为一名出色的"化石猎人"可不是那么容易的事情，不仅需要一双善于发现的眼睛，还要有足够的勇气。

现在，让我们共同揭开远古时代的神秘面纱吧！

首先，我们需要思考一个问题：为什么玛丽·安宁居住的小镇附近会有许多化石呢？要知道，可不是随随便便一个地方都会有化石出现。

那么，哪里才能找到化石呢？

化石其实就是一种特殊的石头。石头是我们生活中常见的一种东西，但它们历经万年沉积后，小到花盆里的鹅卵石，大到险峻的华山，你会发现每一块石头都是独一无二的。它们的大小不同、形状各异，成因也多种多样。

所以，想要找到化石这种特殊的石头，我们需要先找到它们的家族。

有一种石头是由滚烫黏稠的岩浆冷却后形成的。它们曾经居住在地壳深处，安静的时候会慢慢地流淌，生气的时候就会从地表深处喷涌而出，这就是岩浆岩。或许你不曾听说过这个名字，但你一定很熟悉用作路缘石（俗称马路牙子）的花岗岩和被称为"龙晶"的黑石，它们都是岩浆岩家族的成员。

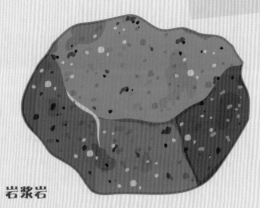

岩浆岩

第二种石头可谓是"千锤万凿出深山，烈火焚烧若等闲"。它们历经千难万险，不断受到狂风暴雨的侵蚀，一遍一遍地过滤筛选，最后将通过考验的颗粒堆积凝结，一层一层，随着时间的推移不断积累，留下岁月的痕迹，最终成为沉积岩。这里蕴藏着石油、天然气等丰富的能源。

沉积岩

变质岩

最后一种石头是名副其实的易容高手。或许它们曾经也是岩浆岩或者沉积岩家族中的一员，但是它们历经高温、压力等艰难险阻之后，地球的内力使它们改变了原本的样貌，蜕变成一种新型的岩石，这就是变质岩。常被雕刻成雕塑的大理石就是变质岩家族中的一员。

我们已经认识了地球岩石圈中的三大家族。现在，你可以猜到化石究竟藏在哪里了吗？

没错，就是藏在沉积岩中。化石既不会在高温中化为灰烬，又不会被高压分解。正因为如此，玛丽·安宁才能在家乡发现许多侏罗纪时期的生命印记，因为这里的蓝石灰岩就是沉积岩家族中的一员。

可能你会觉得这些知识与恐龙无关，心中在想：到底什么时候才能成为一名真正的"化石猎人"呢？

其实，你已经离一位出色的"化石猎人"不远了，只不过还需要更多的耐心和一点儿时间。这点儿时间和漫长的生命史相比，可谓是小巫见大巫。回顾地球46亿年的生命历程，我们可以将它比作一本厚重的书，隐生宙作"序"，显生宙作"文"。

隐生宙就是初始生命诞生的时期，不过几乎没有留下什么痕迹。

我心爱的
巴彦淖尔龙

从显生宙开始便进入"正文"。"正文"由三部分组成，分别是古生代、中生代和新生代。

从**古生代**的寒武纪开始，地球经历了无脊椎动物时代、鱼类及两栖动物时代以及蕨类植物登陆，这一演化历程约持续了3亿年，这段时间约占"正文"的2/3左右。

中生代则是"高潮部分"——恐龙开始登场，裸子植物开始出现。遗憾的是中生代经历了两次生物大灭绝事件，所占篇幅不是很长。不过，即便是这样，也足以引起无数人的遐想。

新生代就是我们现在所生活的时代。放眼未来，我们需要用智慧去保护地球，这样才可以为这个时代添上浓墨重彩的一笔。

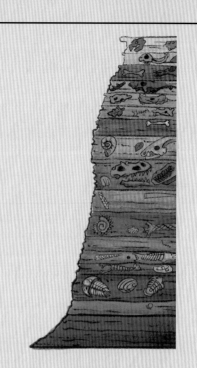

　　此时此刻，你已经跨越了上亿年的时间，也对地质年代有了初步的了解。

　　地质年代是指哪一时期呢？

　　其实我们刚刚提到的中生代、新生代就是地质年代。

　　如果你想成为一名"恐龙化石猎人"，自然就要找到中生代的沉积岩岩层——这是寻找恐龙化石的关键。现在，万事俱备，只欠装备

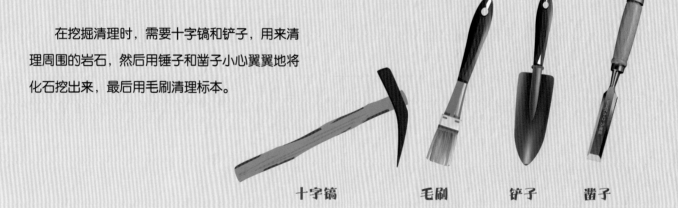

　　在挖掘清理时，需要十字镐和铲子，用来清理周围的岩石，然后用锤子和凿子小心翼翼地将化石挖出来，最后用毛刷清理标本。

十字镐　　　　毛刷　　　　铲子　　　　凿子

　　当然，还需要纸和笔，将每一块化石的位置记录下来，编号，然后拍照保存。当化石出土的时候，还需要用石膏将化石封住，这样可以有效地保护化石，以免遭到二次破坏。经验丰富的"化石猎人"还会带上卫星定位仪，将化石的坐标准确地记录下来。

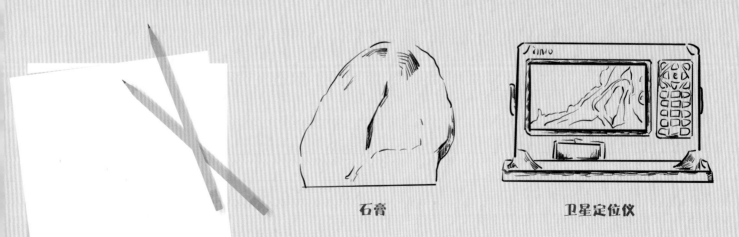

石膏　　　　　　　　　卫星定位仪

现在，一切准备就绪，你可以出发了。

如果运气足够好，你就可以找到埋藏在地下的恐龙化石。

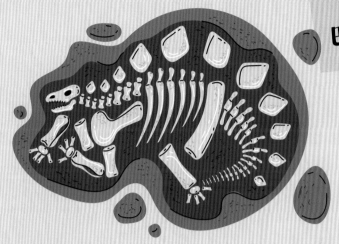

我心爱的
巴彦淖尔龙

可如果运气没有那么好，怎么办呢？不要灰心，你可以向当地的老乡打听。可千万不要小看他们，他们对化石的熟悉程度或许比你还高呢。或者你可以静下心来多读一些文章，了解哪个地方出土的化石多一些，这样会提高找到化石的概率。

不过，如果你遇到了一个小型兽脚类的足迹化石，却把它当成了鸡爪印迹，那可就太糟糕了。为了避免这样的事情发生，我们先来了解一下化石的三种类型。

第一种是由古生物的遗体保存下来的化石，叫作实体化石，比如骨骼、牙齿、琥珀等。

琥珀不是宝石吗？此刻的你定是满心疑惑。

其实它们也是最常见的一种实体化石。想象一下，在亿万年前的一棵松树上，有一只小虫子正在悠闲地漫步，一滴松脂悄悄滴落，将它包裹起来，掩埋在地下几百万年甚至几千万年，最终形成琥珀，将远古时代的瞬时画面完好地保存了下来。

足迹化石

琥珀

第二种是由古生物遗体在岩石中留下的印记和铸型而形成的化石，叫作模铸化石。这类化石里边没有实体生物，只有印记，最常见的就是叶子的印痕。

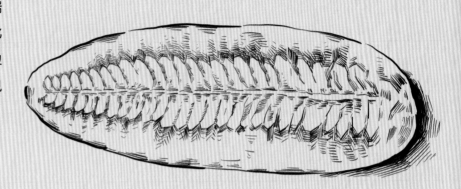

模铸化石

最后一种是遗迹化石。顾名思义，遗迹化石中会保存一些古生物留下的痕迹或遗物，比如粪便、足迹、蛋等。

我们先来认识一下**粪化石**。听到粪化石，千万不要一脸嫌弃地走开，要知道，虽然粪化石是石化的古生物的排泄物，但经过岁月的洗礼，它早已没有了味道。粪化石多种多样，有圆形、椭圆形、螺旋形等形状。

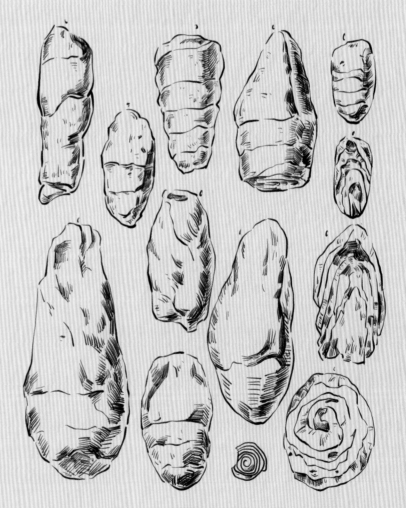

粪化石

虽然不能通过形状来确定粪化石是哪一种古生物留下来的，但古生物学家可以还原许多细节，比如古生物的食性。古生物学家会通过分析粪化石中的残渣判断古生物最后的晚餐是什么，它们是植食性动物还是肉食性动物，进而推断出当时的气候环境。

肉食性恐龙粪化石

除此之外，还可以知道它们的体形大小、身体状况等。别看它们是一个个不起眼的粪化石，但对于古生物学家来讲，它们有着意想不到的价值。

读到这里，你一定好奇这些"有味道"的粪便是怎么进入我们的视野的。
你是否还记得玛丽·安宁发现的那块鱼龙化石？她发现那只鱼龙化石的腹部有一些含有食物残渣的小石头，虽然当时她并不知道那是什么，但她将这个发现记录了下来。

鱼龙化石

　　足迹化石是古生物活动时的一个"特写"，通常很难保存下来，只有在地面温度、湿度、沉积物的颗粒大小都刚刚好的时候，才有可能形成足迹化石。而且在这个过程中，不能受到外力的破坏，否则就无法形成。

　　通过足迹化石，古生物学家可以推测出当时的气候环境，脚印主人的大小、行走速度以及活动范围等信息。

足迹化石的形成

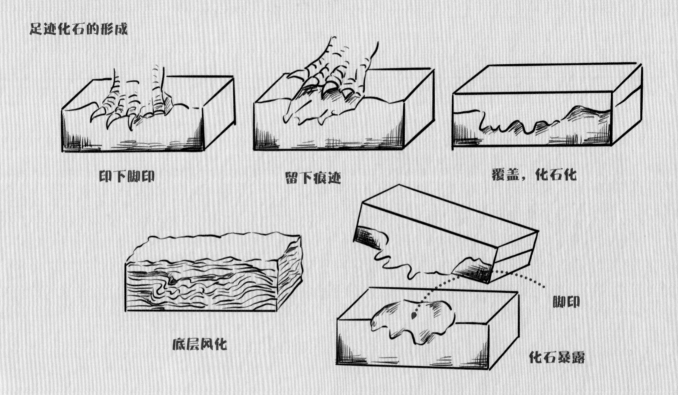

印下脚印　　　　　　留下痕迹　　　　　　覆盖，化石化

底层风化　　　　　　　　　　　　　脚印

化石暴露

　　最后一种就是**蛋化石**，恐龙蛋就是蛋化石。它就是大自然腌了几千万年甚至上亿年的"咸蛋"，虽然不能吃，但是古生物学家通过对这些"咸蛋"进行研究，了解恐龙的生长、发育、演化等情况，更重要的是恐龙蛋化石的发现为鸟类起源于恐龙的假说提供了强有力的依据。

蛋化石

1851 年，法国古生物学家命名了
一种放大版的"鸵鸟"——象鸟。

它的体形很大，可以达到 860 千克。它产
的蛋自然也很大，有足球般大小，体积相当于
100 多颗鸡蛋，这是目前世界上发现的最大的
蛋。虽然不能称之为恐龙，但象鸟也是恐龙的
后代。

相比之下，最小的恐龙蛋直径只有 4.5 厘米，
相当于一颗鹌鹑蛋的大小。这颗蛋叫作"村上姬
蛋"。"姬"在日文中是"小巧可爱"的意思，
所以这颗蛋也被叫作"小可爱蛋"。

村上姬蛋

恐龙蛋有圆形、圆柱形和长圆形等。一般情况下，我们无法根据一颗恐龙蛋判断它是哪一种恐龙的蛋，除非在蛋化石中**有恐龙胚胎**。

恐龙胚胎

"英良贝贝"是目前所发现的最完整的恐龙胚胎化石。

据研究发现，"英良贝贝"是一只身披羽毛的窃蛋龙类恐龙。它保持着像鸟一样蜷缩的姿势，推翻了只有鸟类会存在这种姿势的论断，为研究恐龙的生长发育提供了重要依据。

英良贝贝

这么可爱的小生物还没有来得及看到生命中的第一缕阳光就变成了化石，它到底遭遇了什么？

想知道这个问题，就要先了解一下化石是如何形成的。要知道，化石是自然界留给我们的最美丽的意外。地球上曾经生活着数十亿种生物，可是留下的化石并不多，这是因为想要变成化石需要满足各种条件。

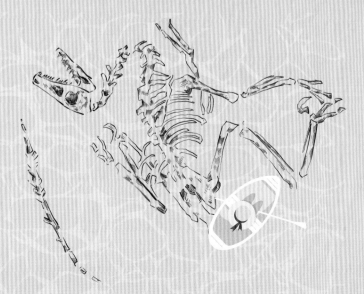

其中最重要的一个环节不是以什么方式去结束自己的生命，而是在哪里结束。最好的葬身之处莫过于河滩、深海等，这样的话，泥沙等沉积物可以很快地将古生物的遗体掩埋起来。

在此期间，一些食腐动物会将它们被腐蚀的皮肤清除掉，从而使骨骼、牙齿等坚硬的部分保留下来，慢慢地被泥沙覆盖。经过亿万年时间，骨骼渐渐被石化，变为岩石。

经历了地壳的运动，运气好的化石会被带到地表，运气不好的化石则会灰飞烟灭。如果在亿万年前，一些古生物遭受火山爆发、洪水等自然灾害时，没有及时逃离而被火山灰或者泥沙等沉积物迅速掩埋，注意，一定要迅速，只有这样，对遗体的破坏性才较小，才能避免被空气氧化和被细菌腐蚀。在这种适宜的条件下形成的古生物化石就有可能将皮肤、毛发、血肉等完好地保存下来。

因此，"英良贝贝"这只小恐龙可能遇到了火山爆发、地震、泥石流等自然灾害，所以还没有孵化，还在静静地等待……

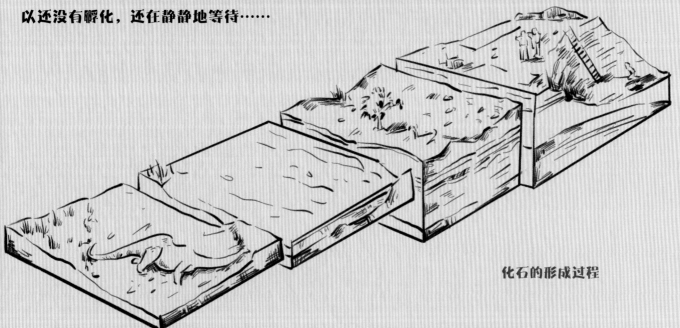

化石的形成过程

到目前为止，我想你已经学到了许多关于恐龙化石的专业知识，它们都会在你成为"化石猎人"的路上帮助你，使你成为一名优秀的"化石猎人"。所以，一定要保持一颗敬畏的心，珍惜大自然留给我们的珍贵礼物。每年的 10 月 11 日是"国际化石日"，希望在推动化石科普工作的人员中见到你的身影，让更多的人去探索远古生命的奥秘。

嘘！恐龙有话要说

有一种艺术我们生来就会。当你从妈妈肚子里出来的时候，哼哼呀呀，哼哼呀呀，可能连你自己都不知道想要表达什么，不过没关系，你已经初步掌握了这门艺术。待你稍大一点，伸出小手跌跌撞撞地走向妈妈的时候，她便知道你想要抱抱。等你再大一点，学会了写字，将写得歪歪扭扭的"爱"字拿给妈妈看，她便知道你是在向她表达爱意。

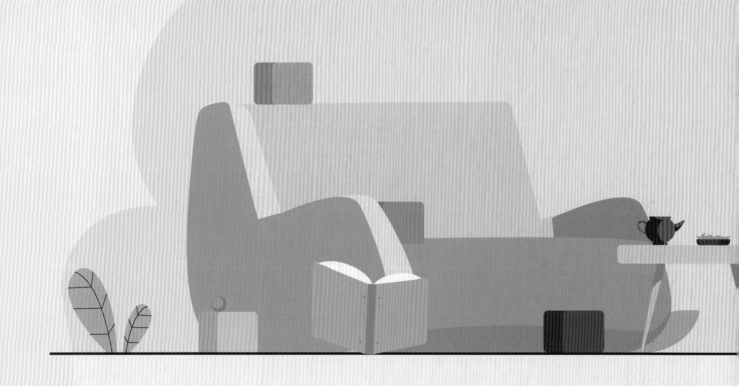

以上三种都是人类沟通交流的方式。第一种便是我们最常用的交流方式——语言。我们可以通过语言和别人交流，传递各种各样的信息，而语言本质上是通过声音来实现的。

那么声音是什么？ 也许你会说，是早晨起床的闹铃声，是出门前妈妈的嘱咐声，是天空中小鸟的叽喳声……没错，这些都是声音。再专业一点的解释就是，凡是人或者动物能听到的声波都称为声音，它来无影去无踪，却无处不在。

自然界的生物，除了人类可以用文字传递信息外，其他的动物通常会用语言或者肢体动作来沟通交流，其中语言是最主要的一种方式。

只是人有人的语言，动物有动物的语言。虽然我们听不懂它们在说什么，但并不妨碍它们之间的沟通交流，甚至是和我们之间的交流。

和我们之间的交流？

是的，你没看错。想想家里的小猫、小狗，它们能知道我们在叫它们的名字，而我们也能明白它们的呼唤。

读到这里，你是否好奇为什么人和动物都可以发声呢？

对于我们人类来说，主要是靠喉部的声带发声。

声带在哪个位置呢？摸摸你脖子上的小突起就知道了。当我们呼气的时候，气体振动声带，就可以发出声音。

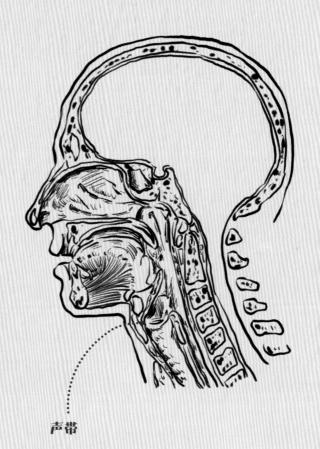

声带

科学家研究表明，恐龙的近亲——鳄鱼以及大部分的四足动物与人类的发声方式相同。不过对于恐龙的后代而言，可就完全不同了。要知道，鸟类可是没有声带的。

鸟类之所以能够发声，是因为在它们气管和支气管相连接的地方，有很多软骨环和薄膜组成的鸣管，当鸟类呼吸时，气流通过鸣管就会发出声音。

气管
支气管
肺
气囊

鸣管

那么，恐龙又是怎么发声的呢？它们的发音方式像鳄鱼还是像鸟类呢？

我猜大部分人认为是后者，因为鸟类是恐龙的后代。

2016 年，科学家描述了一块在南极洲发现的鸟类化石——维加鸟。它们生活在距今约 6800 万年前，与恐龙同时代。

（温馨提示：6800 万年前的南极洲并不像现在一样被冰雪覆盖，而是一派郁郁葱葱的景象。）

维加鸟

最重要的是，科学家在维加鸟的化石中发现了软骨环的痕迹，这证明鸣管结构在恐龙时代就已演化形成。

维加鸟的鸣管

经过进一步研究，科学家发现维加鸟与现代的雁、鸭类结构很相似，所以这种"古雁"很可能会发出"嘎嘎"的声音。这是目前所发现的有关鸟类发声最早的证据。

由此推测，恐龙也是依靠鸣管发声的。

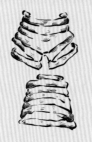

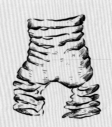

维加鸟的气管　　　　　疣鼻栖鸭的支气管连接处　　　　短吻鳄的气管

事实真的是这样吗？

目前谁都无法确定。因为可以帮助恐龙发声的软组织结构（如声带、鸣管等）很难保存为化石，所以在恐龙化石中还没有发现类似的痕迹。但是，科学家通过对恐龙骨骼的研究，推断恐龙更有可能是通过骨骼结构来发声的。

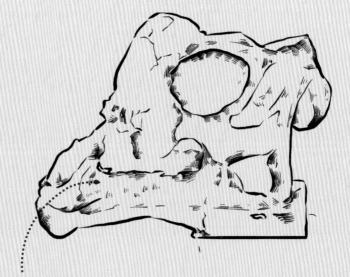

幼年副栉龙的头骨

说到特殊的骨骼结构，就不得不提到大名鼎鼎的鸭嘴龙家族。不过，并不是所有的鸭嘴龙都有这样特殊的骨骼结构，一般比较爱美的鸭嘴龙才会有，比如"迎宾大使"青岛龙、"小号手"副栉龙以及"大帽王"盔龙。

盔龙

盔龙是鸭嘴龙家族中的一员，自然也长着一张鸭嘴，正所谓"嘴大吃四方"，这使它们可以大范围地取食。它们头顶的冠饰很奇特，就像一顶帽子，但奇怪的是盔龙的头冠大小不一。它们性情温和，没有防御性武器。

1920 年，古生物学家威廉·帕克斯发现了一种全新的恐龙——副栉龙。副栉龙又叫似栉龙，拉丁文学名意为"几乎有冠饰的蜥蜴"，它们生活在白垩纪晚期。副栉龙的头顶上长着一个长管状的东西，一直向后延伸，就像一把号角。不过这个"长管"并不是生来就有的。

幼年副栉龙

2009 年，古生物学家发现了一具名叫"乔"的幼年副栉龙化石，它的头顶微微隆起，并没有长管状的东西。所以古生物学家推测副栉龙的"长管"会随着年龄的增长而变大。可是这根"管子"到底有什么作用呢？

有人认为副栉龙的"长管"可以帮助它们在潜水的时候呼吸或者可以像现代潜水员背着的氧气瓶一样储存空气；也有人认为"长管"可以帮助副栉龙辨别雌雄，它可能是副栉龙区别于其他头部有装饰物恐龙的标志；还有人认为"长管"可以调节体温，帮助副栉龙散热。

在众多假说中，科学家们一致认为"长管"是副栉龙的发声器官。"长管"可能是一个共鸣器，使副栉龙可以发出不同的声音，在家族中进行沟通交流。

共鸣器就是一些物体在声波作用下发生共振而使声强得到加强的物体或空腔。比如古筝的琴箱，当琴弦被拨动的时候，琴箱会和琴弦发生共振，从而使声音变得更响亮。

1995 年，古生物学家发现了一个保存完整的成年副栉龙头骨。据研究，它的"长管"内部中空，但结构比较复杂，像一个迷宫似的。

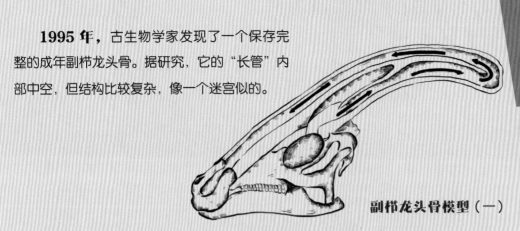

副栉龙头骨模型（一）

1997 年，古生物学家和计算机科学家联手在一家医院，利用 CT 扫描，创建了一个三维立体的副栉龙头骨模型。由于不确定副栉龙是否有可以发声的软组织器官，所以他们模拟了两种情况。

第一种情况是副栉龙有软组织器官，它们会发出频率较高的声音；第二种情况是副栉龙没有软组织器官，它们发出的声音频率较低，但是也足以证明副栉龙的"长管"是可以发声的。

副栉龙

要知道，软组织在化石中是很难被保存下来的。科学家发现副栉龙的听觉很好，它们可以制造出48~375 赫兹的音频，而且拥有和鳄鱼相似的内耳结构，对高频的声音比较敏感。

内耳
　　耳朵可以分为外耳、中耳和内耳。对于恐龙来讲，它们没有外耳廓，但是并不影响听力，因为内耳才是听觉器官。古生物学家根据恐龙内耳的形状分析它们能否听到宝宝的哭声，从而推测它们是否可以养育后代，还可以判断出它们的状态是飞行、走路还是游泳。

当科学家成功地还原了副栉龙的声音时，他们发现空气在"长管"内流过的时候，副栉龙便可以发出如阿尔卑斯长号般悠扬的声音，所以它们也被称为"小号手"。

阿尔卑斯长号

据科学家推测，副栉龙发出的这种声音很可能是在警告同伴附近有危险。不过，它们的声音也会因年龄的变化而变化。

2013 年，科学家对"乔"的声音展开了研究。副栉龙你还记得它吗？那只幼年的副栉龙。结果发现，"乔"的声音频率要高于成年副栉龙的声音频率。

这是科学家们成功复原的恐龙叫声之一，也让我们真实地感受到了来自千万年前的呼唤。

副栉龙头骨模型（二）

许多博物馆都陈列副栉龙头骨模型，游客可以向它们的"长管"中吹气，聆听来自远古的诉说，嘘……

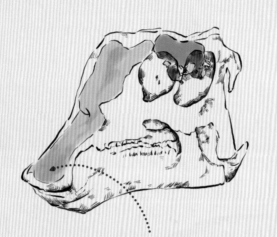

盔龙的鼻腔

除了副栉龙外，盔龙的声音也被科学家成功复原。他们发现盔龙的鼻腔中也有一个类似共鸣器的结构，并一直延伸到头部，形成独特的冠饰。当气流迅速流过时，就可以发出声音。

腕龙

读到这里，你肯定会说："这有什么稀奇的？恐龙的声音我早就听过了。像《侏罗纪公园》《与恐龙同行》这些有关恐龙的影片或纪录片，我都不知道看过多少遍了。想想暴龙的怒吼我就害怕，我还是喜欢腕龙这类蜥脚类恐龙的声音，浑厚低沉，让人听着踏实。"如果你有这种想法，我只能说："也许事实并非如此哦。"同时，我也不得不佩服影片制作人的精湛技艺，因为我们所听到的这些声音其实是大象、鲸鱼、狮子、鳄鱼、天鹅、老虎等动物的声音。

此时此刻，或许你开始怀疑你的耳朵。你没有听错。影片制作人为了让每一种恐龙发出不同的声音，他们会提前记录一些动物的声音，然后再将这些声音组合起来，精心设计后就成了我们所听到的恐龙的咆哮声或低吼声了。

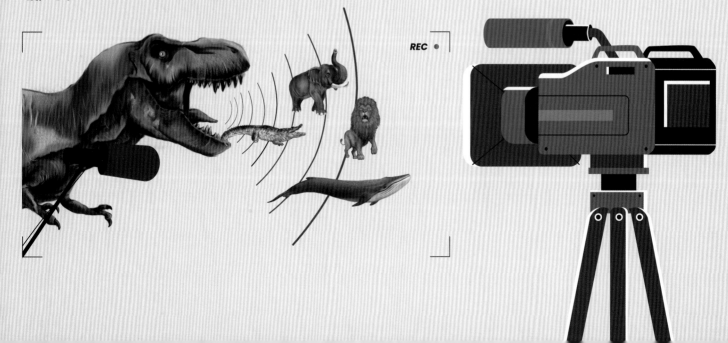

REC

所以没有一个人听过恐龙真正的叫声，因为我们无法穿越回中生代。

科学家只能通过恐龙的骨骼来推测它们的叫声。

比如暴龙的声音可能和老虎、狮子等大型肉食性动物的声音比较相似，极具威慑力；梁龙等脖子长的蜥脚类恐龙可能和现代的长颈鹿一样，几乎不发声，因为它们的脖子太长了，导致声带退化；而脖子较粗的恐龙可能有着浑厚低沉的声音。不过，随着进一步的研究，科学家发现暴龙因其独特的内耳结构会对低频率的声音较为敏感。

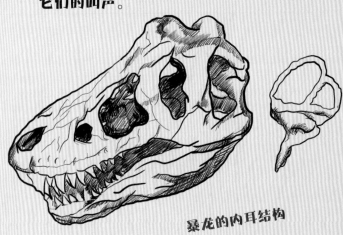

暴龙的内耳结构

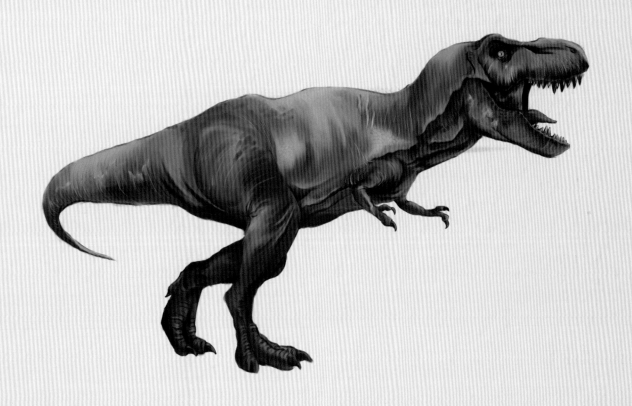

也就是说，在《侏罗纪公园》中我们所听到的暴龙的声音，那种可以让大地颤抖的咆哮声，其实并不是真实的。电影中的吼声是由年幼的大象、老虎和短吻鳄的声音制作而成的。

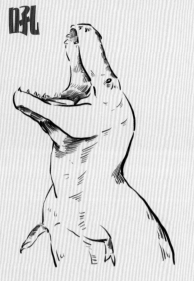

吼

咕

想象中　　　　　　　　　　　实际上

真实的情况是，暴龙很可能是像短吻鳄似的，只能发出低频的声音，而这种声音不在人类的听力范围内，所以我们根本听不到。不仅如此，科学家还发现，暴龙的舌头并不像鸟类的舌头那么长，而且紧紧地贴在嘴巴下面，连接方式也比较简单，和鳄鱼比较像，所以它们可能只会发出低沉的"咕咕"声。

倘若你回到了白垩纪，当你在原始森林里探寻时，忽然大地开始颤抖。你感受到了某种危险的气息，下意识地拔腿就跑，还时不时地回头看看，只见一只暴龙从树林中跑出来，张着的血盆大口正发出"咕咕"的声音。

短吻鳄是生活在中生代时期的一种爬行动物。它们的尾巴不仅可以辅助游泳，还可以用来保护自己。现在看来，短吻鳄的祖先比较有预见性，早早地学会了在水中生活，从而使自己的后代没有和恐龙一起灭绝。

短吻鳄

不论是咆哮声还是"咕咕"声，都是恐龙之间进行交流的一种方式。

对于恐龙家族内部成员来讲，它们通过不同频率的声音传递不同的信息。

如果在不同的家族，恐龙交流可能就比较困难了，毕竟它们没有统一的语言，发声方式也各不相同。不过，如果有一只肉食性恐龙朝着一只原角龙跑过去，我想也不需要交流什么，原角龙就会溜之大吉吧。

当然，除了用声音交流外，有些恐龙还会用一种特别奇特的方式进行交流。

古生物学家在辽宁省发现了一块保存完好的鹦鹉嘴龙木乃伊化石，其皮肤和毛发都可以清晰地看到，背部颜色比腹部颜色浅，且尾部下方屁股的位置有一块黑色卵形软组织，与周边的颜色不同。

经古生物学家仔细研究后发现，这个卵形软组织是一个完整的泄殖腔，也就是一个集排泄、泌尿、生殖为一体的器官，和鸟类一样。所以它们的交流方式就是将自己臀部的颜色变得更亮甚至改变颜色，就像狒狒在发情期臀部会变得又红又肿。可能这也是鹦鹉嘴龙与异性交流的一种方式。

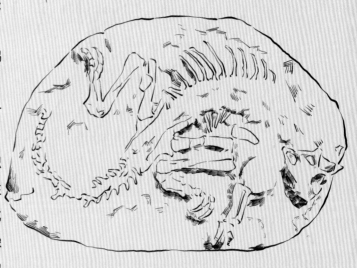

鹦鹉嘴龙木乃伊化石

虽然我们无法理解这种有趣的交流方式，但它确实是存在的，这也正是大自然的神奇所在。

耀龙也会用一种奇特的方式进行交流。我们都知道耀龙的尾巴上有四根漂亮的尾羽，这四根尾羽是目前世界上发现的最早的炫耀性羽毛。

科学家推测，它们的尾羽可能是用来吓唬敌人或者吸引异性注意的，所以这也是它们的一种交流方式。

耀龙

或许恐龙还会像蚂蚁一样，通过气味来交流，但从目前所发现的化石来看，我们还有很多未解之谜。不过，随着科学技术的发展，总有一天，化石中的恐龙一定会和我们说："嘘！我有话要说……"

恐龙宠物店

宠物对你来说是什么样的存在呢?

相信很多人会不假思索地回答:"陪伴。"其实,每一个宠物都是独一无二的,每一个宠物都有其独特的一面等待着我们去发现。

· 如果有一天你可以选择一种史前动物当宠物,你会选择什么呢?

我想你一定会毫不犹豫地告诉我:"恐龙。"

恐龙是生活在亿万年前的地球霸主,如今,虽然我们只能通过冰冷的化石了解它们,但它们依然留给我们无限的遐想。

恐龙宠物店

现实生活中，恐龙根本不可能成为宠物，因为它们已经灭绝了。而且就算不考虑这个问题，恐龙的食物、生活习性等诸多问题都需要考虑。可是你知道吗？

·······················**在想象的世界中，那里充满各种可能性，如万花筒般绚丽多彩。**

不知道你是否听说，最近有一家新开张的宠物店，店里既没有小猫、小狗，也没有小鱼，主要出售恐龙萌宠。店内不仅有体形如小山的"巨无霸"，也有小巧可爱的"小不点"，有许多类型的恐龙萌宠供你选择。你丝毫不用担心恐龙的饲养问题，因为宠物店店员会教你怎么科学饲养，从挑选一个适合你的恐龙萌宠，到如何照顾它的生活起居，再到如何陪伴等一系列问题，都会有专人指导。

如果你对这家店感到好奇，如果你也想拥有一只恐龙萌宠，那就来逛逛吧！

如果你打算挑选一只恐龙萌宠与你长期作伴，首先你需要知道哪一种恐龙适合你。因为一旦你成了它的主人，你就是它的唯一，就要好好爱护它。

而且，不同恐龙的生活环境不同，喜欢吃的食物不同，饲养的难易程度也有差异，所以购买之前一定要认真考虑。

如果你要在家里饲养，那么建议你考虑一下始祖鸟、中华龙鸟、小盗龙、伶盗龙、鹦鹉嘴龙以及单指临河爪龙；如果你觉得这些恐龙不够酷，想养一些体形庞大的宠物，那你可以考虑马门溪龙、甲龙类恐龙、鄂尔多斯乌尔禾龙、二连巨盗龙，甚至是暴龙。下面我们就一起深入了解一下这些萌宠吧！

一号萌宠

完美巴彦淖尔龙

拉丁文学名：*Bayannurosaurus perfectus*

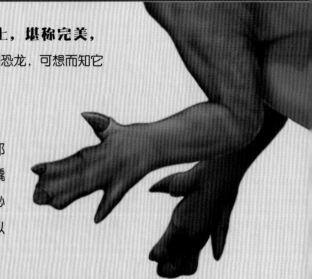

这个完美巴彦淖尔龙的化石完整度可达 95% 以上，堪称完美，**所以名叫小完。**小完来自禽龙家族，是世界上第二种被命名的恐龙，可想而知它的家族历史有多么悠久。

如果你特别爱吃坚果，比如核桃、碧根果或者巴旦木，那么你值得拥有小完。小完的前肢有一个尖尖的大拇指，这可是撬开果壳的利器，除此之外，这个大拇指还可以用来攻击敌人，必要的时候还可以保护你。它中间的三个手指连在一起，不仅可以帮助它承受身体的重量，还可以使它灵活地抓握。

蕨类植物

> **饲养难易程度：1 颗星**
>
> ★

小完体长约 9 米，身高可达 5 米，骑上它非常威风。别看小完长着一张马脸、一张鸭嘴，听上去好像很奇怪，但拼凑在一起，感觉还是很协调的。

如果你想让小完成为你的宠物，那一定要好好爱护它，要多准备一些低矮的蕨类植物给它补充营养，因为小完可是一位很厉害的"健身达人"，这点从它健硕的胸腹部就可以看出来。

⚠ **温馨提示：**小完是特别喜欢和人类拥抱的恐龙，在和它拥抱之前，一定要记得给它的大拇指戴上保护装置哦！

二号萌宠

中华龙鸟

拉丁文学名：*Sinosauropteryx*

别看它的名字最后一个字是"鸟"，它可是一只名副其实的恐龙。这只中华龙鸟还是一个小宝宝，所以暂时还没有名字。如果你将它带回去，可以和它逐步建立感情，并且给它起一个专属的名字。

你可以慢慢地陪伴它长大。别看它现在只有约70厘米长，待它成年后身长可达到2米，体形可能会有些庞大，如果选择它作为宠物，一定要慎重慎重再慎重！

饲养难易程度：4 颗星

★★★

中华龙鸟也是一只带羽毛的小恐龙，摸上去毛茸茸的。这是中国发现的第一只长有羽毛的恐龙，可见其珍贵程度。它的身体呈橘色，长长的尾巴白橘色相间，所以你无须操心它以后的终身大事，这条漂亮、灵动的尾巴一定可以帮它觅得佳偶。

中华龙鸟化石

中华龙鸟的后肢很长，特别喜欢奔跑，所以你每天一定要抽出时间找一片开阔的空地遛它。它跑起来就像闪电似的，可能你一不留神就找不到它了。不过不用担心，它很快就会回来的。你们相处的时间长了，它一听到你在叫它的名字，就会回来找你的。

⚠ **温馨提示：**中华龙鸟每天的运动量很大，所以一定要给它及时补充营养，毕竟它还是个宝宝。你可以预订一些新鲜的白垩纪食材，比如张和兽（一种史前哺乳动物）、大凌河蜥（一种小型的史前蜥蜴）等。如果这些食材缺货，你也可以用牛肉和鸡肉应急。

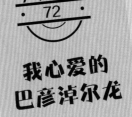

三号萌宠

小盗龙

拉丁文学名：*Microraptor*

这只小盗龙名叫小盗，但千万不要以为它是一个盗贼。之所以叫小盗，是因为它是一个身手敏捷的掠夺者。

如果小盗成为你的宠物，千万不要责怪它总是神出鬼没的。因为在亿万年前的白垩纪，它的身边总是危机重重，不仅要小心地上的肉食性恐龙，还要提防天上的翼龙。

如果你将它带回家，一定要有耐心，慢慢地培养你们之间的信任感，相信它一定会成为你的好伙伴。不熟悉小盗的人总是认为它难以接近，再加上它的羽毛是神秘的黑色，更显得它孤傲了。但深入了解后你会发现，小盗的身世比较坎坷，这里就不详细介绍了，以免勾起它的伤心事。（感兴趣的话可以参考《我心爱的耀龙》中"自然化石中的奇迹：羽毛"一章）

小盗龙的羽毛

小盗的全身覆盖着黑色的羽毛，不过可不是单调的黑色。如果在阳光下，你可以看到它的羽毛会呈现出漂亮的彩虹光泽。只有懂它的人才会发现它的美，不知你是否是那位伯乐。小盗是世界上羽毛颜色最早被复原的恐龙之一。它的体形很小，长约 50 厘米，看上去就像一只拖着长尾巴的大型喜鹊。

最特别的是小盗的两对翅膀。是的，你没看错，两对翅膀。它可是一个四翼小精灵，而且还是世界上最早被发现的长着两对翅膀的恐龙。所以，拥有这么多头衔的小盗饲养起来自然不会很容易，它若成为你的宠物，你定会觉得很值得，因为它一定会带给你惊喜。

饲养难易程度：4.5 颗星

⚠️ **温馨提示**：一定要在家中准备一些高低不同的柱子，以便于小盗滑翔。对了，小盗对食物并不挑剔，天上飞的、水里游的、地上跑的，只要能填饱肚子就可以，像因陀罗蜥（一种史前的蜥蜴）、吉南鱼（一种史前的鱼类，狼鳍鱼的近亲）等肉类食材都可以。

四号萌宠

伶盗龙

拉丁文学名：*Velociraptor*

这只伶盗龙名叫小伶。想来你已经知道它和小盗一样并不是盗贼，而是一个非常聪明的掠食者。

如果你是《侏罗纪公园》的超级粉丝，那你对它一定不陌生，它和电影中大名鼎鼎的 Blue 是亲兄妹。

你也许会认为我在蹭电影的热度，因为你脑海中的 Blue 浑身长满鳞片，怎么看小伶也和它长得不太一样。其实古生物学家在 2007 年 9 月才确认伶盗龙是长有羽毛的。

饲养难易程度：3.5 颗星

伶盗龙

小伶身长 1 米左右，就像一只长着长尾巴的火鸡。它的前肢长满羽毛，但它并不会飞翔，而是一名出色的奔跑健将。它最大的特点是后肢第二个高高翘起的脚趾上分别长着一个长达 6.5 厘米的脚爪，遇到猎物时，两个脚爪便是它的杀手锏。

不过，如果小伶成为你的宠物，不要担心它会伤害你，因为它的脑容量占身体的 6%，是高智商的恐龙。或许你也可以培养出另一只 Blue，这一切都取决于你。你也可以将它培养成你的贴身保镖或者一只"警龙"。它的先天条件很好，只须稍加培训就可以上岗。小伶不仅拥有立体视觉，可以准确地测量与猎物的距离，还拥有敏锐的嗅觉，再加上它的牙齿上面有一些小锯齿，一旦抓到猎物，绝对不会让其挣脱。

⚠ **温馨提示：**小伶后肢上的第二个脚趾容易伤人，建议为它的脚趾戴一个保护罩。小伶并不挑食，哺乳动物或者爬行动物都可以食用，不过，你若想和它搞好关系，原角龙的肉必不可少。

五号萌宠

鹦鹉嘴龙

拉丁文学名: *Psittacosaurus*

鹦鹉嘴龙因它的嘴巴和现生的鹦鹉长得有些相似而得名。

这只鹦鹉嘴龙名叫小鹦。如果你担心饲养大型恐龙会让你手忙脚乱，那么小鹦便是你最好的选择。它的体形较小，成年后体长也不会超过 2 米，所以在家中饲养也是完全可以的。

别看小鹦的体形较小，它可是角龙类恐龙的祖先。虽然它没有巨大的颈盾保护自己，但它的脸部已经有两个用于展示和御敌的小突起，而坚硬的喙可以帮助它咬断植物的茎叶，甚至打开坚果。如果你将小鹦带回家，你可以多准备一些坚果以及苏铁类植物，这些可是它的最爱。对了，一定不要忘记家中要常备一些小石子，不然它会消化不良的。

小鹦的战斗力较弱。它的身体主要呈咖啡色，而且背部颜色较深，腹部颜色较浅，它以这样的反荫蔽体色来保护自己。

饲养难易程度：1 颗星

★

⚠️**温馨提示：**当你带着小鹦去比较空旷的场所时，一定要注意观察周围是否有强壮的巨爬兽（一种史前的哺乳动物）和凶猛的中国鸟龙（一种牙齿有毒的恐龙），它们可是小鹦的头号天敌。小鹦的日常护理也需要注意，一定要时常梳理它尾巴后面的刚毛，不然就会缺少光泽。最后有一个小建议，如果你想让小鹦做你的宠物，最好再带上一只鹦鹉嘴龙，因为它喜欢群居生活。古生物学家在辽宁省西部发现了一个鹦鹉嘴龙"幼儿园"化石，也许小鹦还可以帮你"带娃"，简直是"一龙多用"。

六号萌宠

单指临河爪龙

拉丁文学名：*Linhenykus monodactylus*

相信你也看到了眼前这只恐龙的前肢，它就是大名鼎鼎的单指临河爪龙，因其前肢只有一根手指而得名。千万不要小瞧它这根手指，它可拥有上乘功法"一指禅"，所以人们称它为"一禅大师"。一禅的体形娇小，和现生的鹦鹉差不多大，体重也只有500克左右。想象一下它趴在你肩膀上的情景，多么拉风。

饲养难易程度：1 颗星

★

一禅全身披毛，但不能飞行。不过凭借着修长的后肢，它跑起来就像踩着风火轮似的，一溜烟就看不到踪影了。

蚂蚁

它的一根手指是用来点穴的吗？当然不是。它的一指结构可以帮助它进食，比如高蛋白食物蚂蚁，这可是它的最爱。所以，如果你想要一禅做你的宠物，家中一定要常备一些活蚂蚁。

不用担心还得花时间喂它。虽然一禅只有两根短小的指头，但它的舌头又细又长，上面还沾满了黏液，所以非常容易抓到蚂蚁。它的舌头上还长着小刺，就像喵星人的舌头似的。

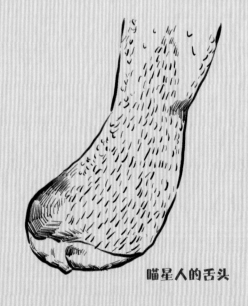

喵星人的舌头

一禅的视力和听力很好，有它在身边，你丝毫不用担心安全问题，它就是你的"千里眼"和"顺风耳"。

七号萌宠

我心爱的巴彦淖尔龙

马门溪龙

拉丁文学名：*Mamenchisaurus*

这只马门溪龙名叫小鸣。不知你是否还记得那只在马鸣溪渡口发现并由杨钟健教授命名的恐龙，小鸣就是那只恐龙。小鸣的体长可达 22 米，其中脖子就占了身长的一半左右，同时，它还有着胖胖的身体和长长的尾巴。

饲养难易程度：4 颗星

这样的身形完全可以做你的滑梯啊！如果你想玩 22 米长的滑梯，小鸣就是你的不二选择。而且，小鸣的性格极其温顺，你根本不用担心它会伤害你。想象一下你骑着这样一只巨兽漫步在公园里，简直没有比这更酷的了。

此时，你是不是很心动呢？但接下来我要说的，你需要认真考虑一番。如果小鸣成为你的宠物，你一定要对它负责。

首先，你要确保给它提供一个适合它居住的地方，因为它抬起头有五六层楼那么高，所以起码你要给它安排一个和足球场差不多大小的空旷的地方。其次，小鸣的重量可达几十吨，食量特别大，所以你要给它提供充足的食物。毋庸置疑，小鸣不吃四川火锅，它喜欢吃纯天然的植物，比如松柏、银杏、巨杉等。

银杏

⚠ **温馨提示：** 如果你想订购巨杉，一定要提前两个月预订，因为巨杉需要从海外购买。所以，如果你想带小鸣回家，那么我先恭喜你将要荣升为一名真正的铲屎官。不难想象，以小鸣那庞大的体形和惊人的食量，所产出的排泄物自然不会少。不过，你无须担心这些排泄物无处安放，因为恐龙的粪便中含有大量的磷酸盐，是上等的肥料，你可以留着当作水果、蔬菜的肥料。早在 19 世纪，一些英国人就用磨碎的粪化石施肥了。还有，如果你决定饲养小鸣，一定要记住：不要站在它的脚下，否则后果不堪设想。哦，对了，如果你觉得 22 米长的滑梯还不够长，还可以到店预订小鸣的家人——中加马门溪龙、鄯善新疆巨龙等，定会有一只恐龙满足你的要求。

八号萌宠

绘龙

拉丁文学名：*Pinacosaurus*

这只绘龙名叫小绘。别看它的样子比较可怕，其实它特别温顺。小绘来自甲龙家族，所以它的身上披着坚硬的盔甲，号称恐龙中的"坦克"。

如果你想让小绘成为你的宠物，那你最好有一个庭院。虽然它的体形并不是很大，长约5米，但它的体重可达1.9吨，所以高楼并不适合它居住。虽说厚重的盔甲可以让小绘免遭伤害，但它行动起来就不那么方便了。所以想要骑上它有风驰电掣的感觉似乎不太可能，慢悠悠地欣赏路边的风景也不错。

饲养难易程度：1颗星

有小绘在身边，出门时你可以放一万个心，丝毫不用担心遇上小偷、劫匪怎么办，因为它的尾巴上面有一个"狼牙锤"。如果有人敢欺负你，它就会挥动"狼牙锤"给敌人以致命一击。小绘很好饲养，一点也不挑食，苏铁、马尾等植物都是它的餐食。

苏铁

⚠ **温馨提示：** 在小绘没有完全信任你之前，千万不要碰它的肚皮，不然它会以为你是在挑衅它，后果将不堪设想。

九号萌宠

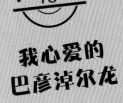

**我心爱的
巴彦淖尔龙**

乌尔禾龙

拉丁文学名：*Wuerhosaurus*

　　眼前的这只乌尔禾龙名叫小乌，来自好脾气的剑龙家族。

　　细心的你一定发现了它的与众不同。小乌的背板形状不像家族其他成员那样尖尖的，它的背板是平平的，更适合饲养。小乌的体长约 5 米，体重约 1 吨，所以不建议在家中饲养。

　　如果你想让小乌成为你的宠物，一定要注意观察它背板的情况。小乌的背板与身体连接，上面布满丰富的毛细血管。当它感到冷的时候，就会将背板张开，此时你要给它拿一些盖毯；当它感到热的时候，就会将背板闭合，此时空调的温度不宜超过 10℃。不过并不建议给它吹空调，以防它生病。如果你好好照顾它，它或许可以陪着你从青春一直走到暮年，对你不离不弃。

饲养难易程度：1 颗星

★

木贼

　　⚠ **温馨提示：** 不要以为小乌脾气好就可以肆无忌惮地"欺负"它，它也会有被逼急的时候。它的尾巴上可是有长长的四根尾刺，如果惹得它用尾巴抽你，可不要怪我没有提前告诉你。你若想讨好它，就请投喂一些它最爱的食物——苏铁、木贼以及一些蕨类植物吧。

十号萌宠

始祖鸟

拉丁文学名: *Archaeopteryx*

这只始祖鸟名叫小祖。它不仅有爬行类动物的牙齿，还有鸟类的羽毛，属于爬行动物演化到鸟类的中间过渡类型。

饲养难易程度：3.5 颗星
★★★

小祖在古生物界可是很有名气的，因为它被发现的时候，保存了精美的羽毛结构。所以想象一下，撸它的手感一定很不错。

小祖的体长约 50 厘米，和现生的乌鸦相近，所以非常适合在家中饲养。它的飞行能力并不是很强，所以一定要在家中配备一些适合它停留的物体，而且尽量不要在外面堆放物品，以免被它破坏。

始祖鸟

始祖鸟的羽毛

小祖的视力很不错，飞行时就像猫头鹰似的几乎没有声音，所以在投喂它的时候，一定要小心食物悄悄地消失哦。别看小祖的个头不大，但它可以算得上是侏罗纪时期的"最强大脑"，只要稍加训练，它一定会成为你的好伙伴，可以帮你买菜、取快递或者做一些其他的事情。

⚠ **温馨提示：**最近小祖的情绪不是很稳定，因为它刚刚得知自己从神坛跌落，不再是"鸟之始祖"了。所以，如果小祖成为你的萌宠，请一定悉心照顾它、陪伴它，慢慢地给它做心理疏导，或者喂它一些它喜爱吃的食物，如昆虫、蜥蜴等，若实在找不到这些食物，可以先用一些牛肉和鸡肉来应急。

十一号萌宠

巨盗龙

拉丁文学名：*Gigantorapor*

这只巨盗龙名叫阿巨，是一只 12 岁的青少年恐龙。

它抬起头来有 5 米高，体重可达 1.4 吨。预计阿巨成年后身高可达 6~7 米，这就要看你怎么喂它了。现在的阿巨已经比它的族人大了很多，属于超大型的窃蛋龙，打破了吉尼斯世界纪录。

饲养难易程度：**1 颗星**

★

贝类

说到阿巨的家族，不得不在此为它们正名。窃蛋龙这个名字听上去很不光彩，其实它们可是比窦娥还冤呢。因为它们并没有偷蛋，而是在保护自己的宝宝，但当时的古生物学家误以为它们在偷蛋，就给它们起了这个名字。当然，后来大家都知道它们是被冤枉的，但《国际动物命名法规·第四版》规定，动物的名字一旦确立便不得更改。所以，如果你想让阿巨做你的宠物，一定不要误会它，它在这方面可是很敏感的，即便你喂它最喜爱的植物、贝类或是其他软体动物，也将于事无补。

虽然阿巨长着羽毛，但它并不会飞行，不过它的运动能力可是很强的。如果你喜欢长跑，那阿巨一定会是一个非常棒的陪跑伙伴。阿巨也非常有责任感，这一品质是它的族群一代代传下来的，所以你可以放心地把娃交给它。

十二号萌宠

暴龙

拉丁文学名: *Tyrannosaurus*

饲养难易程度: 5 颗星

★★★★

如果你觉得前面介绍的宠物都太过普通，那么这只名叫哈特的暴龙或许可以在你的心中激起涟漪。

相信大家对哈特的家族并不陌生，残暴和血腥就是它们的标签。不过哈特并不是这样的，至少目前看来比较温顺。哈特这个名字源于《你好像很美味》这部动画片，片中的哈特也是一只温柔善良的暴龙。

如果你想让哈特做你的宠物，每年冬天的时候你需要给它准备几身衣服，不然它可能会感冒。哈特生活的年代平均气温要比现在高，它不像它的亲戚——华丽羽王龙那样自带"羽绒服"。

即使哈特成年后，你也要每年为它准备新衣服，因为它的体形一直在变化。特别是在它 10 岁左右的时候，它的体重一年至少会长 0.76 吨。哈特成年后身长可达 14.7 米左右，体重可达 9 吨。如果哈特成为你的宠物，你需要让它在一个熟悉的环境中长大，要给它准备一个足球场大小的地方，并且在周边种满松柏、银杏、苏铁等裸子植物以及肾蕨、铁线蕨等蕨类植物。

松树

华丽羽王龙

⚠温馨提示：在植物的外围一定要设置一排非常坚固的围栏和一些其他防护装置，以防万一。哈特现在的年龄较小，非常需要人照顾，更重要的是从小饲养会增加你们之间的亲密度，它长大后就不会伤害到你（不过这并不是绝对的）。

暴龙

哈特毕竟是"恐龙之王"，所以你可以在场地内投放一些鸡、鸭、鹅等小型禽类，训练它捕食。对了，哈特差不多两个月就换一次牙，所以它掉牙的时候你无须惊慌。或许你可以把这些牙齿收集起来做成饰品，应该也是很不错的。

最后送你一条锦囊，一定要熟记于心："如果它张开血盆大口，请一定快跑，千万不要回头，专注地跑就好。" 因为它的行走速度不超过每小时 4.8 千米，而奔跑速度可达每小时 16~40.8 千米。

鸡

如果你已经选好了心仪的恐龙萌宠，请你一定善待它，因为你是它的一生。

（以上内容属于脑洞，如有雷同，赶紧养一只恐龙萌宠吧）

第四章 追寻恐龙

提起恐龙，许多人首先想到的可能是暴龙、三角龙、梁龙和腕龙，但这些都是生活在史前北美洲的恐龙。你能说出几种生活在中国的恐龙吗？或者你知道世界上发现恐龙数量最多的国家是哪个国家吗？

**我心爱的
巴彦淖尔龙**

截至 2022 年 4 月，中国已经研究命名了 338 种
恐龙，并且每年还在以 10 个左右新种类的速度增加。
目前，古生物学家在全国的 22 个省级行政区都发现了
恐龙化石，其中，辽宁、内蒙古和四川地区埋藏了丰富
的恐龙化石，是名副其实的"恐龙大户"。

禽龙家族来报到

我是完美巴彦掉尔龙，我的化石发现于内蒙古自治区巴彦淖尔市。

我是戈壁原巴克龙，我的化石发现于内蒙古自治区阿拉善左旗。

我是杨氏锦州龙，我的化石发现于辽宁省锦州市。

我是巨齿兰州龙，我的化石发现于甘肃省兰州市。

我心爱的
巴彦淖尔龙

我是蒙古计尔摩龙，我的化石发现于
内蒙古自治区二连浩特市。

我是棘鼻青岛龙，我的化石
发现于山东省莱阳市。

我是义县薄氏龙，我的化石
发现于辽宁省义县。

我是魏氏野鸭颌龙，我的化石发现于
内蒙古自治区巴彦淖尔市。

我是姜氏巴克龙，我的化石发现于
内蒙古自治区二连浩特市。